MÉMOIRE

SUR

L'AMÉLIORATION DE LA NAVIGATION
DE LA DENDRE,

Présenté par les Navigateurs de cette Rivière,

AU CITOYEN BONAPARTE,

PREMIER CONSUL DE LA RÉPUBLIQUE FRANÇAISE.

A BRUXELLES,
De l'Imprimerie d'Emmanuel FLON. An XI.

MÉMOIRE

SUR

L'AMÉLIORATION DE LA NAVIGATION DE LA DENDRE,

Présenté par les Navigateurs de cette Rivière,

AU CITOYEN BONAPARTE,

PREMIER CONSUL DE LA RÉPUBLIQUE FRANÇAISE.

Citoyen premier Consul,

Celui dont le gouvernement sage fait aujourd'hui l'admiration de l'univers, et qui, par les moyens les plus féconds en résultats heureux, ramène chaque jour de plus en plus la richesse et le bonheur chez le peuple qu'il a si glorieusement pacifié; celui-là ne peut point ignorer que la navigation intérieure d'un état y entretient l'abondance, en y fournissant des voies peu frayeuses à la circulation des denrées; il n'ignore point que cette navigation produit des avantages centuples, lorsqu'elle offre des débouchés faciles à l'exportation des productions nationales; il n'ignore point non plus que ces avantages deviennent incalculables quand ils se réunissent dans un pays qui, comme la France, par sa situation géographique, la fertilité de son sol, et l'industrie de ses habitans, est propre à devenir le centre des négociations commerciales et l'entrepôt des plus riches productions du monde. Mais ce que vous ignorez peut-être, CITOYEN PREMIER CONSUL, (car vous ne laissez à faire que le seul bien qui vous est inconnu) c'est que la rivière de Dendre, à raison des produits abondans du territoire qu'elle arrose, et sur-tout des communications et des débouchés qu'elle offre au commerce de plusieurs départemens, est une des plus importantes rivières navigables du nord de la France, et qu'elle mérite que vous preniez en grande considération l'état dans lequel sa navigation se trouve, et les moyens de l'améliorer.

C'est donc pour appeler votre attention sur cet objet intéressant que nous osons prendre en ce moment la plume. Les observations que nous vous soumettrons à cet égard, obtiendront sans doute votre honorable accueil; et nous en avons pour garant tout ce que vous faites pour le bien général, et pour le bien des particuliers lorsqu'il s'y rapporte.

Les vues que nous allons vous présenter sur l'amélioration de la Dendre, nous vous les devons en qualité de membres de l'état; nous vous les devons parce que nous croyons que leur accomplissement produirait des avantages considérables pour la contrée que nous habitons et par suite pour toute la France; et, en qualité de navigateurs de cette rivière, conséquemment comme parties plus immédiatement intéressées, nous sommes à même d'appuyer nos propositions d'observations plus pertinentes, de renseignemens plus exacts, de faits que nous sommes plus à portée de connaître, de détails précieux enfin que le gouvernement d'un vaste empire ignore le plus souvent malgré son active sagacité, parce qu'ils sont trop éloignés de lui pour attirer ses regards.

Le projet dont il est ici question, n'est point un projet nouveau ; d'où nous inférons avec raison, que depuis long-temps on en a senti l'importance. L'ancien gouvernement de ces contrées a voulu faire de la Dendre un canal. Il se proposait même d'établir des communications par eau entre les principaux points de la Belgique. Les états de la ci-devant province du Hainaut chargèrent une commission de leurs députés, et des experts dans l'art hydraulique, de former des plans et devis estimatifs des travaux à faire pour la construction du canal de la Dendre. Tout fut préparé avec soin et à grands frais ; et il ne s'agissait plus que de prendre la bêche, lorsque des circonstances, qu'il est inutile de rappeler ici, firent avorter ce superbe projet. Sans doute il était réservé au génie étonnant qui peut tout ce qu'il veut, qui exécute tout ce qu'il projette, de consommer ce glorieux ouvrage.

Et pourquoi ne concevrions-nous pas cet espoir ? Ne nous adressons-nous pas au grand homme qui s'occupe actuellement de la construction d'un grand nombre de canaux, qui, dans ce moment même, fait creuser, pour ainsi dire sous ses yeux, le canal de l'Ourcq ? Certes, nous aurons aussi notre part dans les moyens de prospérité qu'il dispense à toutes les parties de la république : et plus il est vrai de dire que toutes ses déterminations n'ont pour base que des motifs d'utilité générale, plus nous devons être certains du succès d'une demande qui, comme nous allons le démontrer, est essentiellement fondée sur ces motifs.

Pour faire cette démonstration, d'une manière évidente, nous examinerons d'abord la situation hydraugraphique de la Dendre, les débouchés que cette rivière procure au commerce des nouveaux départemens du nord de la France ; ensuite les divers genres de productions du pays qu'elle parcourt, productions qui sont de nature à devoir être transportées par eau ; et enfin les difficultés innombrables que présente sa navigation actuelle.

La Dendre, dont la source se compose de plusieurs ruisseaux venant de l'intérieur du département de Jemmappes, était jadis navigable depuis le village de Maffles à trois kilomètres sud-est de la ville d'Ath ; aujourd'hui elle ne l'est plus que depuis cette dernière ville ; elle parcourt du sud au nord une partie du département de Jemmappes, entre dans celui de l'Escaut, et va se jeter dans le fleuve de ce nom à Termonde, après avoir traversé les villes d'Ath, de Lessines, de Grammont, de Ninove, d'Alost et de Termonde.

Elle établit donc, dans son cours, une communication directe entre les départemens de Jemmappes et de l'Escaut. En descendant l'Escaut, auquel elle se joint, on côtoie la partie occidentale du département des Deux-Nèthes, d'où l'on entre dans la république batave et dans l'Océan ; et en remontant le même fleuve, on traverse la partie occidentale du département auquel il donne son nom, où le canal qui conduit de la ville de Gand au port d'Ostende, offre à travers le département de la Lys un autre débouché vers la mer.

C'est par ces nombreux débouchés que les départemens de Jemmappes et de l'Escaut peuvent faire passer les produits de leur sol dans la majeure partie des départemens septentrionaux de la France, sur toute l'étendue des côtes maritimes de l'ouest et à l'étranger.

Dans

Dans le département de Jemmappes, deux règnes de la nature semblent se disputer à qui fournira le plus, des ressources à ce beau pays. Le sol y est en général un des plus fertiles de la France, et dans les endroits où il est le moins propre à la végétation, il récèle dans son sein des richesses minérales de diverses espèces.

Nous n'entrerons point dans le détail de toutes ses productions, soit parce que les unes ont des débouchés plus proximes des lieux d'où elles se tirent, que la rivière dont il s'agit, soit parce que les autres seraient facilement transportables par terre, si on réparait les chaussées.

Mais celles qui méritent sur-tout votre attention, et qui, CITOYEN PREMIER CONSUL, forment les principales branches du commerce de ce département, ce sont les charbons-de-terre, les chaux, les briques, les pierres de taille et les pierres à paver; matières lourdes, au transport desquelles il est d'autant plus indispensable de fournir des voies par eau, qu'il endommage considérablement les chemins publics.

Les fosses à houille sont situées à l'est et au sud-ouest du département de Jemmappes. On en compte 168. Autrefois les seules houillères des environs de Mons et de Saint-Ghilain occupaient près de 15,000 personnes. L'exportation de cette marchandise était très-considérable, et elle pourrait l'être encore si on lui donnait plus de facilité.

Ce qui le prouve, c'est que, malgré les difficultés presque insupportables que présente le délabrement actuel des chaussées au transport de ce charbon, depuis les fosses jusqu'à la Dendre, où il est embarqué pour éprouver une navigation non moins pleine d'entraves, il s'en expédie annuellement par cette rivière au moins 500 bateaux, c'est-à-dire, plus de 5,500,000 myriagrammes : encore cette quantité ne peut-elle donner aucune idée de celle qui s'expédierait, si cette rivière était formée en canal, et si les routes qui y aboutissent étaient rendues praticables.

Ce combustible, devenant d'autant moins cher, que le transport en deviendrait moins dispendieux, les divers manufacturiers qui en usent, seraient à même, en se le procurant à bon compte, de diminuer à proportion le prix des objets qu'ils confectionnent. Ainsi, toutes les classes des citoyens y gagneraient, non-seulement sous ce rapport, mais encore sous celui de l'achat des provisions de chauffage, qui certainement est une dépense très-considérable dans un pays où les hivers sont souvent fort longs et fort rigoureux.

Les côtes de l'ouest où les bateaux de la Dendre pourraient transporter ce charbon sans rompre charge, s'en pourvoiraient à un prix extrêmement modique. Il y a plus, la marine militaire française où le bois est le seul combustible en usage, imiterait bientôt la marine militaire anglaise qui ne brûle que du charbon-de-terre, et qui, comme on sait, le charge en lest sur ces navires ; moyen de transport à la fois commode et économique.

Outre la consommation qui s'en ferait en France, on peut être certain, pour peu qu'on connaisse la fécondité excessive de nos houillères qu'elles produiraient encore un excédent, capable d'alimenter richement le commerce d'exportation.

Le canal projeté de Charleroy à Bruxelles, offrirait sans doute au commerce de ce charbon, une partie des avantages que lui fournirait la navigation de la Dendre telle que nous la désirons. Cependant nous observerons qu'il est plus facile et moins dispendieux d'achever l'ouvrage de la nature, que de chercher, à force de travaux, les moyens de l'imiter et souvent de la vaincre; et qu'il n'y a point de comparaison à établir entre la dépense qu'occasionnerait au gouvernement quelques coupures à faire pour le redressement du lit de la Dendre, et celle que nécessiterait la construction entière du canal de Charleroy, qui serait aussi étendu que toute la rivière dont nous parlons. A Dieu ne plaise néanmoins que nous voulions détourner le gouvernement de l'intention bienveillante qu'il a manifestée à l'égard de ce canal. Mais comme l'état actuel du trésor public commande infiniment d'économie dans les remèdes à apporter aux maux de la révolution, parce qu'ils sont en très-grand nombre, et qu'il faut les réparer à la fois sur tous les points de la république, nous pensons que les plus urgens méritent une attention plus particulière.

Pour vous prouver, CITOYEN PREMIER CONSUL, que l'amélioration de la Dendre est plus urgente que la construction du canal de Charleroy, qu'il nous soit permis d'ajouter aux motifs d'intérêt public, des motifs fondés sur l'intérêt des propriétaires de bateaux navigant sur la Dendre; classe nombreuse de citoyens dont l'existence dépend entièrement de la navigation de cette rivière. Certes, c'est une considération importante que ne peuvent point invoquer les bateliers futurs d'un canal qui n'existe pas encore.

N'oublions pas non plus les propriétaires riverains de la Dendre, qui, par l'état dans lequel elle se trouve actuellement, éprouvent de fréquentes inondations, et y sont sans cesse exposés.

Au surplus, cette navigation consiste-t-elle seulement dans le transport du charbon-de-terre? Négligerions-nous de parler des carrières abondantes qui s'exploitent sur les rives même de la Dendre? les pierres à bâtir, de Maffles; les pierres à paver d'Attre et de Lessines, et de tant d'autres qu'il serait fastidieux de détailler, ne fournisssent - elles pas à la navigation de cette rivière et au commerce du département de Jemmappes des ressources immenses ? (1)

L'importance de ces avantages vous donne, CITOYEN PREMIER CONSUL, la mesure des vœux publics pour l'amélioration de la navigation de la Dendre; amélioration qui consisterait à faire des coupures aux sinuosités de cette rivière, à élargir son lit en quelques endroits, et à le rétrécir en d'autres, à y construire des sas (2) au lieu des écluses actuelles; ce qui en ferait une espèce de canal très-nécessaire à la navigation : car, n'en doutez pas, aussi long-temps que la Dendre restera en état de rivière, elle conservera par sa nature une source d'inconvéniens sans cesse renaissans, qui pourront bien être diminués par des réparations nombreuses, mais qui seront toujours un obstacle à la haute prospérité de commerce dont nous venons de vous démontrer la possibilité.

En effet, les eaux pluviales dont la Dendre est formée, déposent continuellement dans son sein le limon bourbeux qu'elles apportent des champs voisins, et lorsque ces eaux sont abondantes, elles se jettent avec violence dans celles de la rivière,

(1) Ces pierres sont fort estimées, et outre l'emploi qu'on en fait dans tout le nord de la France, il s'en exporte une grande partie en Hollande, où elles servent à élever des édifices et à construire les digues. On doit encore ajouter à toutes ces productions qui se transportent par la Dendre une grande quantité de bateaux chargés de chaux, de briques, de blé et de graines.

(2) Tenures d'eau à double écluse.

et

et enlèvent de ses bords une nouvelle quantité de terre qui contribue encore à l'encombrement dont nous parlons. Cet inconvénient est d'autant plus grave que le cours du fleuve est plus sinueux : car les eaux, devant s'écouler du point le plus élevé vers le point le plus bas par la ligne droite, heurtent avec force les obstacles que leur présentent les détours, et entraînent encore une plus grande quantité de terre.

Voilà, CITOYEN PREMIER CONSUL, des principes dont la nature fait l'application à la Dendre par des expériences continuelles (1).

A cet inconvénient radical s'en joint un autre qui résulte autant de la nature des écluses (2), que de leur délabrement actuel.

La navigation de la Dendre dépendant de l'affluence très-variable des eaux qui l'alimentent, elle ne permet d'ouvrir les écluses que deux fois par semaine, savoir les mardis et vendredis. Cette règle a été établie par des réglemens souverains, afin d'économiser les eaux autant que possible. Il résulte de là qu'un grand nombre de bateaux doit séjourner entre les écluses en attendant le moment de pouvoir passer. Et lorsque les écluses s'ouvrent, lorsque les eaux s'écoulent à plein lit par cette voie, les bateliers y passent avec vîtesse, pour ne pas manquer d'eau dans leur navigation ; mais malgré le soin qu'ils prennent, autant pour leur propre intérêt que par devoir, de

---

(1) L'encombrement de cette rivière est rendu plus sensible à Ath, par la mauvaise police qui y règne. Cela est si vrai que depuis dix ans le lit y est monté d'un mètre.

(2) Ce sont des écluses à poutrelles. Cette espèce de tenures laisse perdre une quantité d'eau excessive pour le passage des bateaux ; au lieu de ces écluses, il faudrait des sas.

rapprocher leurs bateaux les uns des autres, il arrive presque toujours que les derniers en rang ne peuvent suivre les premiers, faute d'eau, et qu'ils restent pour ainsi dire embourbés, jusqu'à ce que la prochaine ouverture des écluses leur en ait procuré.

Sans nous étendre davantage, CITOYEN PREMIER CONSUL, sur les vices essentiels de la navigation actuelle de la Dendre, examinons les moyens de transformer cette rivière en canal, de la manière la plus économique pour l'état, et en restreignant les travaux aux besoins les plus pressans du commerce.

Pour atteindre ce double but, nous ne demanderons point l'entière exécution des anciens projets sur la même matière, parce qu'ils nécessiteraient des dépenses trop considérables peut-être accordées dans ce moment, et qu'ils ont moins pour objet de procurer au commerce ce qui lui est le plus strictement nécessaire, que de lui fournir les plus vastes moyens de prospérité.

Nous ne demanderons point de prolonger, par un canal artificiel, la navigation de la Dendre jusqu'à Mons ni jusqu'à Erbiseuil, ni même jusqu'à Lens.

Nous ne demandons que le redressement et l'amélioration de la partie actuellement navigable (1); et à l'égard de cette par-

(1) La navigation d'Alost à Termonde, a été considérablement améliorée par les ouvrages qui ont été exécutés sur cette partie, en vertu de l'octroi accordé en 1768, aux députés des deux ville et pays d'Alost, par le prince Charles de Lorraine, gouverneur-général des Pays-Bas. (Voyez la pièce transcrite à la suite de ce mémoire, sous le n° 1). Il resterait maintenant à examiner si ces ouvrages devraient éprouver quelques modifications ou réparations, pour coïncider avec le plan uniforme d'amélioration qui serait ordonné pour toute la Dendre.

tie, les projets dont nous venons de parler méritent d'être consultés. Aussi n'avons-nous point négligé de vous indiquer en général les moyens d'amélioration qui y sont développés.

Certes, ces projets portent avec eux la preuve du savoir, de l'expérience, et, nous pouvons le dire, du patriotisme de leurs auteurs. Elles sont dignes, CITOYEN PREMIER CONSUL, de toute votre attention. Cependant quel que soit notre désir de voir ces opérations servir de bases à l'exécution du projet que nous avons l'honneur de vous présenter, nous sentons que dans le cas où vos intentions seraient favorables à cette exécution, vous ne l'ordonneriez qu'après avoir fait visiter de nouveau les lieux par des ingénieurs actuels. Cette nouvelle visite entraînerait peut-être des changemens dans quelques détails du plan des anciens experts, et c'est ce qui nous fait regarder les travaux et les dépenses estimés par ceux-ci, au moins comme approximatifs de ceux qui seront jugés nécessaires par les premiers.

Ainsi, d'après ces données utiles et nos connaissances locales, nous pouvons déjà conjecturer que les principaux travaux se réduiront à faire quelques coupures, et à construire des sas où le nivellement exigera des tenures d'eau.

Nous avons l'honneur de vous mettre sous les yeux le plan d'une partie de la Dendre, afin de vous donner une idée des sinuosités de son cours, et pour vous faire sentir d'autant mieux l'indispensabilité des coupures projetées par les anciens experts. Vous verrez qu'il y a plusieurs endroits, où, après avoir fait de longs détours, comme pour prendre une autre direction que celle que la nature lui donne vers son embouchure, cette rivière semble vouloir remonter vers sa source, et forme ainsi quantité de presqu'îles (1). En redressant ses écarts par des coupures, on abrégerait considérablement le trajet à faire, ce qui ne serait pas peu avantageux à la célérité de la navigation.

Les écluses de cette rivière ne maintiennent que très-difficilement la permanence de notre navigation. Il est indispensable, nous le répétons, de les remplacer par des sas semblables à ceux des canaux de Bruxelles, de Louvain etc. (2). Cette espèce de double écluse, d'une invention admirable, fournit passage aux bateaux, avec une économie d'eau toujours régulière, toujours mathématique.

---

(1) La partie septentrionale des Pays-Bas est extrêmement plate; de sorte que les nombreuses rivières qui s'y rassemblent, ne circulant point entre des montagnes qui arrêtent leurs écarts, cherchent dans leurs cours trop libre, une voie tortueuse qui les conduise à la mer.

Ce pays est donc d'autant plus propre à être entrecoupé de canaux, que son sol, creusé profondément, présente rarement du roc.

(2) Les dimensions des sas de la Dendre, doivent être les mêmes que celles des Sas des autres canaux, c'est-à-dire d'environ 21 pieds et demi d'ouverture entre les bajoyers, afin que les mêmes bateaux puissent passer par-tout. Les experts avaient projetté de ne donner aux sas de la Dendre que 18 pieds et demi d'ouverture, « parce que messieurs des deux » ville et pays d'Alost, ont déclaré par la lettre qu'ils ont adressée à » messeigneurs des états de cette province (du Hainaut), que le sas à » Wieze, qu'ils avaient fait construire sur la Dendre, n'avait que la » largeur de 18 pieds et demi ».

On sent fort bien que cet obstacle privilégié que messieurs des deux ville et pays d'Alost, mettaient à la navigation des grands bateaux dans la haute Dendre, doit cesser d'exister, et qu'il n'y a plus lieu à y avoir le moindre égard. Ainsi le sas de Wieze aura 21 pieds et demi d'ouverture comme les autres.

Cependant

Cependant, comme la Dendre reçoit dans son sein plusieurs petites rivières et un grand nombre de ruisseaux et de ravins, et qu'elle est le réceptacle de toutes les eaux qui s'écoulent des campagnes riveraines, lors des grandes pluies, il serait nécessaire, pour prévenir les inondations, de pratiquer des écluses de décharge à côté de chaque sas.

Ces écluses seraient construites avec une ouverture proportionnée au volume d'eau qui devrait y passer.

Suivant le projet des anciens experts, on ferait des coupures par-tout où il y a des écluses à moulins, on laisserait subsister celles-ci pour servir d'écluses de décharge, et ce serait sur ces coupures qu'on construirait les sas.

Les avantages qui résulteraient de ce plan sont incontestables. D'abord tous les moulins qui existent actuellement pourraient subsister moyennant des jauges d'eau, et loin d'éprouver quelque préjudice par les améliorations projetées, ils seraient plus constamment en activité, parce qu'on ne serait plus obligé de tirer leurs eaux à fond deux fois par semaine ; en outre l'eau qui serait fournie à ces moulins, quoique superflue à la navigation, ne serait cependant pas perdue pour elle ; car il est facile de voir qu'elle rentrerait dans le canal en dessous des sas ; et enfin ces coupures ne donneraient lieu à aucune indemnité à accorder aux meuniers, du chef du service des moulins, puisque nous venons de démontrer qu'ils gagneraient à l'exécution de ce projet.

Quant à l'indemnité que les propriétaires d'écluses pourraient exiger pour les droits de péage qu'ils cesseraient de percevoir, non-seulement elle ne serait pas bien forte (1), mais encore

(1) Le passage suivant tiré de quelques réflexions faites par un membre

elle n'occasionnerait aucune dépense au gouvernement, puisque le fermage des sas lui rapporterait des sommes infiniment plus considérables.

Cette compensation ne serait pas la seule qui diminuerait la dépense à faire.

En effet, le terrain à incorporer dans la plupart des coupures projetées, serait en général moins grand que celui qui proviendrait des sinuosités qu'on éviterait par ces coupures. De sorte que l'indemnité à payer aux propriétaires du terrain à excaver, serait à-peu-près compensée par la vente de celui que la rivière abandonnerait. Nous ajouterons aussi que les anciens experts ont reconnu que les terres où les excavations doivent être faites, sont médiocres et de peu de valeur.

Nous ne pouvons point calculer à présent la dépense qu'exigera la main-d'œuvre pour l'exécution de ces travaux, parce qu'il

---

des ci-devant états du Hainaut, sur le projet d'amélioration de la Dendre, discuté en 1786, peut donner à-peu-près une idée de l'indemnité qui serait à accorder aux propriétaires des écluses.

« Lorsque les états, en leur assemblée générale du 19 juin 1683, ont » accordé une somme de   flor., pour l'amélioration de la navigation » de cette rivière, à différentes conditions, *nommément que toutes éclu-* » *ses dans la province leur seraient cédées*, les commissaires de S. M. » traitèrent avec les propriétaires de ces écluses pour leur cession; ils s'ac- » cordèrent le 27 juin suivant, avec les abbés de Liessies et de St. Martin, » pour la cession des écluses de........ et de Tenre, parmi payer à chacun » d'eux 900 florins. La ténure de Lessines fut accordée aux mêmes con- » ditions.

» Comme on demanda pour celle d'Acren une indemnité beaucoup » plus considerable, la cession n'eut pas lieu; ce qui empêcha l'effet de » la résolution du 19 juin 1683 ».

faudrait qu'ils fussent définitivement réglés. Cependant nous dirons un mot de l'évaluation qui en a été faite par les experts, suivant l'état estimatif, pièce n° 2.

Ils portent à 450,916 florins (environ 818,000 francs), la dépense à faire depuis Ath jusqu'à Alost.

Il faut observer que ces experts ont évalué le prix de la main-d'œuvre pour les excavations, à 30 sols de Brabant (2 fr. 72 c. 10 cent.), par la toise cube, et qu'ils sont convenus cependant que par adjudication au rabais, le prix pourrait diminuer du tiers : ainsi l'on doit croire qu'ils ont évalué de même le prix de tous les autres ouvrages, c'est-à-dire, à un tiers de plus que ces ouvrages ne devront effectivement coûter. Donc, la somme de 818,000 francs se réduirait à celle d'environ 545,300 francs.

Sans doute ce calcul est très-problématique ; mais il peut au moins donner une idée approximative de la dépense que nécessiteraient les améliorations que nous avons l'honneur de proposer.

Mais, CITOYEN PREMIER CONSUL, il est un projet qui mérite la plus grande attention, et que nous n'avons pas osé vous soumettre, parce qu'il n'a pas encore fait l'objet d'aucune expertise, et que nous n'avons pas à son égard des données aussi positives qu'à l'égard du premier : c'est la construction d'un canal entier à côté de la Dendre, depuis Ath jusqu'au point où le lit naturel de cette rivière procurerait une navigation aussi commode que celle du canal artificiel. Voici comment les experts dont nous avons parlé présentèrent cette idée aux états du Hainaut en 1785 :

« Nous avons l'honneur de faire observer qu'il serait fort pos-
» sible de délaisser entièrement la rivière *depuis la ville d'Ath*

» *jusqu'aux confins de la Flandre* (1), au lieu de la suivre » pour améliorer cette navigation, et de faire un tout nouveau » canal par le cavin, afin qu'il y ait moins de danger que » la navigation ne soit jamais interrompue par la grande abon- » dance d'eau en hiver, et pour que l'écoulement des eaux » de la campagne se puisse faire plus librement par la rivière » actuelle, indépendamment de ladite navigation. Ce nouveau » canal serait toujours fourni d'eau, par le moyen de communi- » cation à lui donner de la rivière : ses taluts ne seraient plus » exposés à être dégradés par le courant, ni son lit aux atter- » rissemens par les vases et limons qui découlent de la cam- » pagne : les dépenses n'excéderaient pas celles de l'amélioration » de la rivière actuelle, même nous les croyons moindres (2); » car l'excavation pourrait être mieux proportionnée, n'étant » aucunement gênée pour la conservation des moulins : les te- » nures qui servent présentement pour la navigation, pourraient » servir d'écluses de décharge, ce qui épargnerait la dépense » d'en faire de nouvelles ; et quoique l'incorporation du terrain

(1) Si ces experts, dans le rapport d'où ce passage est extrait, n'ont point proposé de prolonger le canal artificiel dont il s'agit, jusqu'à la partie de la Dendre, qui est dans la ci-devant Flandre, ce n'est pas qu'ils n'en aient senti l'impérieuse nécessité, mais c'est qu'ils ne s'adressaient qu'aux états de la province du Hainaut, et qu'ils ne pouvaient point comprendre dans leur projet, des ouvrages qui devaient être à la charge d'une autre province. Mais l'unité du gouvernement de la République ne laisse pas subsister ces distinctions à l'égard des établissemens qui se font dans divers départemens, lorsque ces établissemens sont d'un intérêt général.

(2) Si ce calcul était vérifié et trouvé exact, il n'y aurait pas à balancer entre les deux projets.

» d'un

» d'un nouveau canal serait peut-être plus grande, que celle » pour ladite amélioration avec des coupures, nous croyons » aussi que cette dépense serait bien amplement compensée, » parce que l'alignement du nouveau canal serait beaucoup » moins long que la route à suivre par la rivière, nonobstant » les coupures multipliées que l'on y a projetées. En outre, » par le moyen d'un nouveau canal, on éviterait l'interrup- » tion à la navigation actuelle, et par conséquent au commerce » pendant le temps que l'on travaillerait à ladite amélioration; » car le nouveau canal se pourrait faire sans interrompre le » cours actuel de la rivière ».

Au surplus, CITOYEN PREMIER CONSUL, quels que soient les travaux que vous jugerez les plus convenables, leur dépense sera toujours compensée par les nombreux avantages qu'il en résultera pour le commerce. Cette compensation est la moins équivoque; elle est la plus digne des spéculations d'économie que puisse faire le chef de notre République. Employer ainsi une faible partie des deniers de l'état, c'est dépenser comme le laboureur quand il achète la semence féconde qui doit multiplier à l'infini ses ressources et ses moyens de prospérité.

Mais les citoyens de nos départemens, mais les Français en général, seront-ils les seuls qui jouiront des avantages que procurera l'exécution de ce projet? Et celui qui l'aura ordonnée, et le grand homme qui ne cesse de travailler pour sa gloire, n'y trouvera-t-il pas la récompense de son zèle? Les canaux qu'il se propose de faire construire, ne seront-ils pas des monumens qui attesteront à jamais et la sublimité de son génie et les actes de bienveillance qu'il aura prodigués aux Français d'aujourd'hui, et par anticipation aux Français à venir?

Charmés de nous arrêter à ces nobles idées, nous devrions nous borner à attendre avec confiance, l'accomplissement de nos vœux. Cependant si, contre notre attente, des circonstances que nous ne pouvons ni ne devons point prévoir, si des circonstances infiniment préjudiciables au bien de l'état apportaient dans l'exécution des projets de canaux applicables à la Dendre, des délais trop longs au gré de la juste impatience de tous les amis du bien public, alors forcés de nous résigner à la loi de la nécessité, nous réduirions notre demande à obtenir au moins de votre justice que la navigation si défectueuse de notre rivière soit débarrassée des entraves que les outrages naturels du temps et la malveillance trop commune des hommes y ont multipliées; que les abus excessivement nuisibles qui se sont introduits dans cette navigation, par l'inobservance des réglemens qui la concernent, soient au moins réprimés, que des réparations infiniment promptes éloignent au moins les dangers dont la vétusté et le délabrement des écluses, menacent et les navigateurs et les propriétaires riverains de la Dendre : alors ce serait moins vous demander d'améliorer cette rivière que de prévenir les malheurs que son état peut occasionner; et, sans doute, nous vous devrions beaucoup de reconnaissance, car nous pensons que prévenir le mal, c'est faire le bien.

Dans cette dernière demande, il ne s'agit donc plus de créer, il s'agit de conserver ce qui existe ; il s'agit de pourvoir à des besoins tellement urgens, que chaque jour qui s'écoulera jusqu'à celui où l'on y portera remède, les aggravera de plus en plus ; peut-être même qu'au moment où vous lirez ces mots, une des écluses, prêtes aujourd'hui à tomber en ruine, aura cédé à l'effort des eaux qu'elle retient si faiblement.

Il y a long-temps, CITOYEN PREMIER CONSUL, que nous prévoyons les désastres dont l'agriculture, les propriétés et le commerce sont menacés; il y a long-temps que nous invoquons sur cet objet *la* sollicitude du gouvernement ; mais quelles que soient les causes qui l'aient empêché de satisfaire à nos instances réitérées, il n'en est pas moins vrai qu'on a laissé empirer le mal à tel point qu'il devient très-inquiétant pour tous ceux qui y sont exposés.

En l'an 5, nous adressâmes au Cit. Bénézech, alors ministre de l'intérieur, des observations sur l'état de la Dendre. Ces observations avaient principalement pour objet de solliciter le curement de cette rivière, la restauration des écluses et la fixation des droits de péage, de manière qu'ils ne soient plus abandonnés à l'arbitraire.

Ce ministre transmit notre pétition au Cit. Le Père, ingénieur en chef de la direction de l'Escaut, en lui recommandant de l'examiner *sans délai* (1).

Malgré cet ordre pressant du ministre, nous ne fûmes instruits officiellement que plus de cinq mois après, qu'on avait intention d'y satisfaire. Nous en fûmes informés par la communication que la municipalité d'Ath nous donna d'une lettre (2) qui lui avait été adressée le 24 frimaire an 6, par le Cit. Richer, ingénieur ordinaire, résidant à Mons, à l'effet d'obtenir divers renseignemens sur notre navigation. Mais cette administration ne pouvant répondre aussi pertinemment que nous, aux diverses questions qui lui étaient proposées, elle s'empressa de nous en faire part, et peu de jours après, nous satisfîmes complètement à toutes ces questions. Nous y ajoutâmes même plusieurs observations importantes. Et quel effet tout cela produisit-il? Il est inutile

(1) Sa lettre est transcrite à la suite de ce mémoire sous le numéro 3.

(2) Elle est transcrite à la suite de ce mémoire sous le numéro 4.

de vous le dire, CITOYEN PREMIER CONSUL; vous en jugerez assez par la nécessité où nous sommes de vous faire aujourd'hui les mêmes demandes.

Quelles étaient donc ces demandes, puisqu'elles n'ont pas été admises? Elles étaient donc inadmissibles.

Peut-être l'étaient-elles pour un gouvernement révolutionnaire, dont l'attention inquiète était entièrement dirigée vers les moyens de soutenir des guerres extérieures et de se défendre lui-même contre les attaques multipliées des factions; mais seront-elles inadmissibles pour le gouvernement pacifique qui s'efforce de réparer les maux dont le premier est l'auteur? seront-elles inadmissibles, lorsqu'elles ont pour objet la prospérité du commerce d'une des plus belles portions de la République? C'est ce que nous pouvons d'autant moins croire que, pour y satisfaire sous plusieurs rapports, il ne faut que mettre en vigueur d'anciens réglemens tombés en désuétude.

En effet, CITOYEN PREMIER CONSUL, l'inobservance de ces réglemens est en très-grande partie, comme nous avons eu l'honneur de vous le dire plus haut, la cause de l'état actuel de la Dendre.

Elle est la cause de ce que les propriétaires riverains de cette rivière ou les communes par où elle passe, ne l'entretiennent plus et n'en font plus le curement à leurs frais, ainsi qu'il leur était ordonné par les articles 2 et 10 du réglement de 1718 (1)

---

(1) Nous avons transcrit à la suite de ce mémoire, un extrait de ce réglement sous le numéro 5.

sur

sur la navigation de la Dendre et par les articles 2 et 3 du chapitre 134 des chartes générales du Hainaut (1).

Elle est la cause de ce que les propriétaires riverains ne construisent plus sur les bords de la rivière des digues qui préservent leurs terres des inondations; ce qui leur était prescrit par l'article 3 du même réglement de 1718.

Elle est la cause de ce qu'ils laissent subsister dans le lit de la rivière des troncs d'arbres qui en gênent considérablement le cours et qui exposent les navigateurs aux plus grands périls; ce qui est contraire à l'article 4 du même réglement.

Elle est la cause de ce qu'ils plantent impunément, près des bords de la rivière, des arbres qui embarrassent et interrompent même le chemin du hallage; ce qui est contraire à l'article 5 du même réglement, et à l'article 7 du titre 23 de l'ordonnance des Eaux et Forêts (2).

---

(1) Voici ces articles:

Art. 2. « Les rivières et chemins de nostre dit pays, seront entretenus » en telle largeur qu'ils ont toujours eue et sera trouvé devoir apparte- » nir, sans les pouvoir diminuer aucunement ou prendre sur iceux quel- » que profit ou advantage, et seront les marchissants tenus relever et ouvrir » lesdites rivières, toutes et quantes fois que par visitation sera trouvé » estre nécessaire. Le tout à leurs fraix et dépens sans déport ou dissimu- » lation ».

« Art. 3. Tous possesseurs d'héritages marchissants auxdits chemins, » rivières et courans d'eau, seront tenus à l'advenant de leurs dits hérita- » ges les entretenir à leurs dépens, s'il n'y a fait spécial au contraire ».

(2) L'article 7, du titre 23 de l'ordonnance des Eaux et Forêts, fixe la largeur que doivent avoir les chemins du hallage. Nous demanderions

Elle est la cause de ce qu'ils font impunément des ouvertures aux digues pour faire entrer de l'eau dans les fossés de leurs prairies, et se procurer ainsi des canaux d'arrosement; ce qui non seulement prive notre navigation d'une grande quantité d'eau qui lui est si nécessaire, mais encore interrompt le chemin du hallage, car ils ne se donnent même pas la peine de construire sur ces ouvertures de petits ponts pour le passage des hommes qui tirent les bateaux. L'article 6 du réglement de 1718, leur défend très-expressément et sous peine d'amende, de faire ces ouvertures.

Elle est la cause du progrès inconcevable de l'encombrement de cette rivière, en ce qu'elle laisse impuni les malveillans qui y jettent toute espèce de matières immondes. A Ath, on y a jeté jusqu'à des tombereaux de décombres, et ç'a été en vain que le citoyen Lequelin, directeur des écluses, a dénoncé ce fait au commissaire de police de cette ville: celui-ci a répondu que cela ne le regardait pas. A qui donc devait-on s'adresser pour faire observer l'article 9 du réglement de 1718, qui est si positif à cet égard?

Elle est la cause du rétrécissement du lit de la rivière en différens endroits, parce qu'elle n'offre plus de moyen pour contraindre les propriétaires riverains d'enlever les terres qui s'amassent sur les bords par l'effet du courant; ce qui cependant leur est ordonné par l'article 2 du chapitre 134, des chartes générales du Hainaut.

---

que cet article fût promulgué et rendu exécutoire dans ces départemens. Par ce moyen, le tirage des bateaux de la Dendre, au lieu de se faire comme actuellement par des hommes, pourrait se faire par des chevaux. Nous ne nous étendrons pas sur les avantages trop évidens que procurerait à notre navigation et au commerce l'emploi des chevaux pour le tirage des bateaux.

Elle est la cause enfin de ce que trop souvent nous manquons d'eau les jours de navigation, par le refus que font les propriétaires des moulins situés sur les ruisseaux qui alimentent la Dendre, d'ouvrir leurs écluses pour nous procurer de l'eau en suffisance ; ce qui pourtant leur est enjoint par les articles 14 et 15 du réglement de 1718.

Le travail qu'il importe de faire sans le moindre délai, c'est la réparation des écluses et des autres constructions hydrauliques situées sur notre rivière. Elles sont, nous ne pouvons trop le répéter, dans l'état le plus alarmant. Nous vous conjurons donc d'ordonner le plutôt possible, qu'il soit fait à cet égard les devoirs les plus prompts. Le nombre infini d'obstacles et de dangers qui se rencontrent sur cette rivière, ne nous permet pas de les détailler ici; et d'ailleurs ce détail serait aussi inutile que fastidieux, puisqu'il est indispensable que les lieux soient visités officiellement : mais nous offrons d'accompagner les ingénieurs dans leurs opérations pour leur indiquer les inconvéniens que nous sommes trop à même de remarquer tous les jours.

Cependant nous croyons devoir vous dire, CITOYEN PREMIER CONSUL, qu'il est plusieurs écluses où de simples réparations ne suffiraient pas. Il en est dont la construction est si vicieuse, si préjudiciable à la navigation, qu'il seroit extrêmement nécessaire d'y faire quelques changemens, dans le cas où le projet de canal, qui fait le principal objet de ce mémoire, n'obtiendrait pas une prompte exécution.

La largeur et la hauteur de ces écluses sont fort inégales.

L'écluse de Denderleeuw, dans le département de l'Escaut, est la plus étroite de toutes; elle n'a que treize pieds de largeur, et c'est dans cette porportion que sont construits les bateaux qui remontent la Dendre.

On parerait à cet inconvénient, en donnant aux écluses l'ouverture des sas situés sur les canaux de Bruxelles, de Louvain, etc., c'est-à-dire, de 21 pieds et demi de largeur. De sorte que nos bélandres, étant construites dans cette proportion, pourraient tenir la mer ; et que les bateaux qui naviguent sur ces canaux, pourraient aussi naviguer sur la haute Dendre.

L'écluse d'Ideghem offre une autre espèce d'inconvénient qu'il serait bien plus facile de faire disparaître. Les deux poutrelles qui la constituent, n'ont pas assez de hauteur pour retenir dans la partie supérieure de la rivière une quantité d'eau suffisante pour la navigation : les bateaux vides ont même souvent de la peine à y passer : il serait donc infiniment indispensable de hausser cette écluse par la construction d'une troisième poutrelle.

La même écluse est encore vicieuse sous un autre rapport : c'est que les poutrelles ne se lèvent pas assez haut pour laisser passage aux bateaux légèrement chargés.

Au surplus, CITOYEN PREMIER CONSUL, comme il ne sera ordonné aucun ouvrage que sur le rapport des ingénieurs que nous vous prions de charger de la visite des lieux, nous croyons inutile d'entrer dans de plus longs détails sur les réparations et améliorations nécessaires.

Dans le cas où la Dendre resterait en état de rivière, et quelles que fussent les modifications qu'elle éprouverait en cet état, il y aurait alors un objet très-important à régler : nous voulons parler de la fixation des jours de navigation.

En

En vertu des anciens réglemens (1), ces jours sont fixés aux mardis et vendredis de chaque semaine ; et suivant l'usage introduit nous n'avons que la journée entière du mardi, c'est-à-dire 24 heures pour naviguer depuis Ath jusqu'à Termonde, tandis qu'à l'époque du vendredi nous avons 48 heures pour faire le même trajet. De sorte que sans avoir égard aux empêchemens qui peuvent nous arrêter le mardi dans notre navigation, les éclusiers nous obligent de séjourner entre leurs écluses jusqu'au vendredi ou samedi, à moins que nous ne voulions acheter fort cher la faveur de continuer notre voyage.

Nous avons déjà fait plusieurs fois des réclamations à ce sujet, et comme elles ont été sans fruit, notre confiance nous porte à vous les adresser directement.

En conséquence, nous vous soumettrons ici le projet que nous désirons voir exécuter, relativement à la limitation du temps à accorder aux navigateurs pendant les jours de rames.

Ce projet et simple est régulier.

Il donnerait autant d'heures de navigation à l'époque du mardi, qu'on en donne actuellement à celle du vendredi, c'est-à-dire, 48 heures, puisque le trajet à faire est le même. Et quant à la distribution de ces 48 heures, elle serait réglée de la manière suivante :

L'on aurait le mardi tout entier (24 heures) et le vendredi de même pour aller d'Ath à Pollaere ;

---

(1) Voyez l'article 14 du réglement de 1718, précité, ainsi que le réglement du 12 février 1701. Ce dernier se trouve dans le Recueil des Placards de Flandre, au troisième livre, folio 705 : nous l'avons transcrit à la suite de ce mémoire sous le numéro 6.

Le mardi depuis midi jusqu'au mercredi à la même heure, et le vendredi jusqu'au samedi de même, pour aller de Pollaere à Denderleeuw ;

Le mardi depuis six heures du soir jusqu'au mercredi à la même heure, et le vendredi jusqu'au samedi de même, pour aller de Denderleeuw à Alost ;

Le mercredi depuis six heures du matin jusqu'à minuit, et le samedi de même, pour aller d'Alost à Wieze.

Pendant ces heures, les écluses situées entre ces communes resteraient ouvertes.

Nous osons espérer, CITOYEN PREMIER CONSUL, que vous trouverez ce projet assez plausible pour l'ériger en arrêté, dans la supposition toujours où vous laisseriez subsister la Dendre en état de rivière.

Il nous reste maintenant à parler du droit que nous payons pour passer les écluses, et qui est également à régler. Ce droit jusqu'à présent n'a, dans le fait, aucune base fixe. Il est absolument abandonné à l'arbitre de ceux qui le perçoivent. En effet, tandis que les uns ne demandent que 12 sols de Brabant, (environ 1 fr. 09) pour donner passage à un bateau chargé, les auteurs exigent 4 florins (environ 7 fr. 25) et quelquefois davantage pour le même office. Cependant, par le réglement du 12 février 1701, que nous avons déjà cité, il a été statué qu'on ne payerait que 12 sols de Brabant pour un bateau chargé, et la moitié pour un bateau vide.

Cette taxe est juste, et nous désirerions qu'elle fût maintenue pour autant que la réduction de l'ancienne monnaie de Brabant en argent décimal pourrait le permettre.

Enfin, CITOYEN PREMIER CONSUL, (et cette pensée doit s'appliquer à toutes les demandes que nous avons eu l'honneur de vous adresser), nous vous avons fait connaître les besoins de notre navigation, les besoins du commerce de nos contrées, il suffit ; et nous abandonnons à votre suprême sagesse le soin d'y remédier. Mieux que nous-mêmes, vous en savez les moyens : et si nous nous sommes étendus sur ceux qui nous paraissent les plus propres à opérer le bien que tous nos concitoyens désirent, et que vous ferez sans doute, ç'a moins été pour vous en demander l'exécution d'une manière précise, que pour les indiquer à votre choix.

Ces propositions intéressent la généralité des citoyens de ces départemens ; elles ne sont pas indifférentes aux Français des autres parties de la République. Douter de l'accueil que vous leur ferez, ce serait donc vous faire injure, ce serait oublier les bienfaits innombrables par lesquels vous avez assuré le bonheur de la France. Loin de nous cette ingratitude, loin de nous la pensée coupable d'exclure les Français-Belges de votre amour ! Et quelle preuve plus évidente pouvons-nous avoir de votre sollicitude particulière, que l'inspection que vous venez prendre de nos contrées? Serait-il juste, serait-il possible de supposer que votre voyage dans ce pays, n'aurait qu'un but stérile? Non, non, vos regards ne s'arrêteront pas sur nos besoins avec indifférence, vous n'entendrez pas nos réclamations sans y être sensible, vous ne verrez pas du mal sans le réparer, ni du bien sans le faire. Vous nous laisserez un gage impérissable de votre bienveillance, et certes nous n'aurons pas invoqué vainement l'intention qui vous amène parmi nous, et qui nous procure le bonheur de jouir de votre auguste présence.

Salut et profonde vénération.

Signé CHARLES JAUBERT, *Défenseur-officieux, demeurant à Ath, pour et au nom des Bateliers navigant sur la rivière de Dendre, et en vertu d'un mandat, pièce n° 7.*

PIÈCES

PIÈCES

DE

RENSEIGNEMENS.

PIÈCE N° 1.

Octroi pour Alost.

Son altesse royale ayant eu rapport des représentations des députés des deux ville et pays d'Alost, contenant, que pour faire cesser les dommages que les inondations de la rivière de Dendre causent tous les ans aux prairies et terres basses, situées le long de cette rivière, et pour favoriser en même temps le transport des marchandises du crû du pays, soit dans les provinces voisines, soit à l'étranger, ils se seraient proposés de rendre la rivière de Dendre, depuis la ville de Termonde jusqu'au territoire d'Hainaut, plus navigable, en la rendant plus directe par des coupures à faire aux sinuosités qu'elle forme dans son cours, et de construire une écluse à Wiese, ainsi qu'une écluse et une coupure au-dessus du village d'Hofstaede ; le tout plus amplement repris dans le rapport du général-major Delaing, du 10 décembre 1766. Son altesse royale, a, pour et au nom de l'impératrice-douairière et reine apostolique, par avis du conseil des domaines et finances de sa majesté, accordé et permis, comme elle accorde et permet par cette aux supplians, de pouvoir faire par provision, et à leurs frais, depuis la ville de Termonde jusqu'à celle d'Alost, les ouvrages ci-dessus mentionnés, à charge néanmoins que, comme par le redressement que ces coupures vont occasionner à la rivière, les eaux auront plus d'activité, et arriveront en moins de temps à Termonde, ce qui pourra occasionner des inondations au-dessus de cette ville, les supplians seront tenus de procurer deux débouchés par les fossés de la ville de Termonde, et un troisième par la ville, s'il est jugé nécessaire, en construisant pour cet effet deux écluses de passage dans les rives de la rivière, à son entrée dans cette ville, et de restaurer les deux batardeaux qui se trouvent sur la gauche, l'un au-dessus du pont de la porte de Malines, et l'autre à la communication dudit fossé avec la Dendre; comme aussi de restaurer le batardeau qui se trouve vers l'Escaut, à portée de la porte de Gand; le tout sous la direction du colonel des ingénieurs Devos, à charge aussi que les supplians devront faire à leurs frais, et sur le pied qui leur sera prescrit, les autres ouvrages repris dans le rapport du général-major Delaing, lorsque son altesse royale le trouvera convenir, et d'entretenir à leurs frais les rives de droite et gauche de tous les fossés, ainsi que les ouvrages de maçonnerie qui serviront à la décharge des eaux autour de la ville de Termonde. Autorise son altesse royale les supplians,

1° A prendre tous les terreins qui seront nécessaires pour faire lesdites coupures et écluses, ainsi que pour former une treille le long de la rivière, pour tirer les bateaux par chevaux, au lieu d'hommes, en indemnisant les propriétaires de gré à gré, et à défaut de ce, par appréciation à faire par experts, à prendre de part et d'autre.

2° A lever les fonds nécessaires pour l'exécution des ouvrages, depuis Alost jusqu'à Termonde, au moindre intérêt qu'il sera possible, à condition expresse néanmoins d'assigner à ces nouveaux emprunts, un fonds subsidiaire d'amortissement, proportionné non-seulement au paiement des rentes de ce nouvel emprunt, mais aussi à leur extinction successive, pour le cas que le revenu des nouveaux ouvrages ne suffirait pas à l'un et à l'autre emploi.

Déclare

Déclare son altesse royale que les supplians ne pourront plus demander de validation du chef des inondations de la Dendre, et qu'elle se réserve de faire tels réglemens qu'elle trouvera bon pour l'avantage des havres de sa majesté.

Le tout à charge d'exhiber les présentes au président et gens de la chambre des comptes de sa majesté, pour y tenir la note requise; ordonne son altesse royale à tous ceux qu'il appartiendra, de se régler et se conformer selon ce. Fait à Bruxelles, le 24 mars 1768.

PIÈCE N° 2.

ÉTAT estimatif de la dépense des ouvrages à faire à la rivière de Dendre, depuis la ville d'Alost jusqu'à celle d'Ath.

OUVRAGES *à faire depuis Alost jusqu'à Liedekerke.*

	Toises cubes.	*Flor.*
LA coupure num. 1 et 2, en-dessous du pont d'Alost, contiendra	1,232	
Celle num. 3 et 4, au-dessus dudit pont .	4,240	
	5,472	

	Toises cubes.	Flor.
Transport . . .	5,472	
Au-dessus du pont d'Erembodegen, celle marquée num. 5 et 6	3,200	
Il conviendra de placer dans la même coupure une écluse, afin de renvoyer les eaux jusqu'au bassin de navigation de Liedekerke, ce qui fait		25,464
Au-dessus de la coupure précédente, il s'agira de tronquer la sinuosité marquée num. 7 et 8, contenant	960	
Au-dessus de la précédente, une coupure marquée num. 9 et 10, jusqu'après le pont de Denderleeuw	12,000	
Au-dessus du pont de Denderleeuw trois petites coupures, marquées num. 11, 12; 13, 14; 15 et 16.	2,800	
Outre ces ouvrages, il s'agira encore, pour rendre cette partie bien navigable, d'élargir et d'approfondir la rivière aux endroits où il n'y a point de coupures, ce qui fera un objet de	7,000	
Ensemble . . .	31,432	
Lesquelles toises, à raison de 30 sols de la toise, font		47,148
TOTAL des ouvrages depuis Alost jusqu'à Liedekerke		72,612

Ouvrages à faire depuis Liedekerke jusqu'à l'écluse de Pollaere.

	Toises cubes.	Flor.
Pour un nouveau bassin de navigation en remplacement de l'ancien de Liedekerke, qui, par sa mauvaise construction et sa petitesse, ne peut servir		50,928
Pour l'emplacement de ce bassin, il faut une coupure sur la droite, dirigée entre l'ancien bassin et le château de Liedekerke	10,400	
Au-dessus dudit bassin, il sera nécessaire de faire deux coupures, marquées num. 17, 18 ; 19 et 20.	4,320	
Vis-à-vis le village d'Okegem une coupure à faire jusqu'à celui de Pamèle, num. 21 et 22 .	4,400	
Au-dessus de la précédente une autre coupure, num. 23 et 24	1,120	
A l'endroit de cette coupure, il est nécessaire de placer une tenure d'eau, pour renvoyer les eaux jusqu'au bassin de navigation de Pollaere, ce qui fera		25,464
Au-dessus du ruisseau, depuis la coupure, num. 25 et 26, jusqu'au pont de Ninove .	6,000	
Au-dessus de Ninove une coupure, num. 27 et 28	1,920	
Il est nécessaire, outre ces ouvrages, pour rendre cette partie bien navigable, de l'élargir et de l'approfondir aux endroits où il n'y a point de coupures, ce qui pourra faire . .	6,000	
Ensemble	34,160	76,392

	Toises cubes.	*Flor.*
Transport . . .		76,392
Lesquelles 34,160 toises cubes de terre, à raison de 30 sols de ladite toise, font la somme de		51,240
TOTAL des ouvrages à faire depuis Liedekerke jusqu'à l'écluse de Pollaere . . .		127,632

OUVRAGES à faire depuis l'écluse de Pollaere jusqu'à Grammont.

Comme l'ancien bassin de Pollaere ne peut servir, le radier de l'écluse supérieure étant beaucoup trop élevé, et l'écluse inférieure très-défectueuse, l'on propose de les remplacer au-dessus par un nouveau, à construire dans la coupure num. 29 et 30, ce qui pourra coûter, y compris la coupure et la démolition de l'ancien bassin		55,928
Vis-à-vis le village de Pollaere une coupure num. 31 et 32	4,000	
Au-dessus de la précédente celle num. 35 et 36	1,600	
Il conviendra de placer dans cette coupure une tenure d'eau; afin de renvoyer les eaux jusqu'à Ath, et près d'Ighem		25,464
Au-dessus du nouveau pont d'Ighem, la coupure num. 37 et 38	1,760	
Au-dessus du pont de Scendelbeeck, la coupure num. 39 et 40	8,000	
	15,360	81,392

Il

	Toises cubes.	Flor.
Transport . . .	15,360	81,392
Il conviendra de placer dans la même coupure, à l'endroit num. 41, une écluse, qui fera		25,464
Ensemble . . .	15,360	
Lesquelles, à raison de 30 sols, feront .		23,040
TOTAL, depuis Pollaere jusqu'à Grammont		129,896

OUVRAGES à faire depuis Grammont jusqu'à Lessines.

En-dessous du pont de Boulers, la coupure num. 42 et 43	2,560	
En-dessous dudit pont, celle num. 44 et 45	5,440	
Il est nécessaire de placer dans cette coupure une tenure d'eau, num. 46, afin de renvoyer les eaux jusqu'à l'écluse de Borrée, ce qui fera .		25,464
Depuis le dessus de l'écluse de Borrée jusqu'à celle d'Aker, la coupure num. 47 et 48 .	4,800	
Depuis l'écluse d'Aker jusqu'au pont dudit lieu, une coupure num. 49 et 50 . .	2,080	
Au-dessus dudit pont, une coupure marquée num. 51 et 52	3,200	
Au-dessus de la précédente une coupure à faire, marquée num. 53 et 54 . . .	320	
Outre ces ouvrages, il s'agira encore d'élargir		
	18,400	25,464

	Toises cubes.	Flor.
Transport . . .	18,400	25,464
la rivière aux endroits où l'on ne fera point de coupures, ce qui pourra faire . . .	6,300	
Ensemble	24,700	
Lesquelles, à raison de 30 sols, feront .		37,050
TOTAL depuis Grammont jusqu'à Lessines .		62,514

OUVRAGES à faire depuis Lessines jusqu'à Ath.

La coupure num. 55 et 56 . . .	3,360	
Une coupure num. 57 et 58, depuis l'écluse d'Olignies jusqu'à celle de Papegnies . .	7,200	
Au-dessus de l'écluse de Papegnies, la coupure marquée num. 59 et 60 . . .	4,480	
Depuis le pont d'Izière jusqu'à l'écluse, la coupure num. 63 et 64	3,200	
Au-dessus de l'écluse d'Izière, une coupure marquée num. 65 et 66	4,480	
Au-dessus de la précédente, une autre coupure, num. 67 et 68	1,200	
Depuis l'écluse de Tenre jusqu'au bassin de Billié, la coupure num. 69 et 70 . . .	9,920	
Outre ces ouvrages, il sera encore nécessaire d'approfondir et d'élargir la rivière aux endroits où l'on ne fait point de coupures, ce qui est estimé à		5,000
Ensemble . . .	38,840	

	Toises cubes.	Flor.
A raison de 30 sols la toise . . .		58,260
TOTAL des ouvrages depuis Lessines jusqu'à Ath		58,260

RÉCAPITULATION.

Depuis Alost jusqu'au bassin de la navigation de Liedekerke	72,612
Depuis Liedekerke jusqu'à l'écluse de Pollaere	127,632
Depuis Pollaere jusqu'à Grammont . .	129,896
Depuis Grammont jusqu'à Lessines . .	62,514
Depuis Lessines jusqu'à Ath	58,260
TOTAL . . .	450,914

Mais il est à observer que le prix des différens matériaux spécifiés par état ci-dessus, sont tous portés *fort haut*, c'est pourquoi il y a lieu d'espérer que l'on fera une *économie considérable* sur cette dépense, particulièrement sur les terres qui sont portées à *30 sols* la toise cube, qu'on croit que l'on aura au prix *de 20 sols*, ce qui se déterminera positivement, après que les adjudications de ces ouvrages auront été faites.

Fait à Bruxelles, le 14 novembre 1786.

PIÈCE N° 3.

3me. Division.
BUREAU DES PONTS
ET CHAUSSÉES.

Paris, le 18 messidor, an 5me. de la Républ. franç. une et indivisible.

Le Ministre de l'Intérieur, au citoyen Le Père, Ingénieur en chef à Gand.

Je vous fais passer, citoyen, des observations qui m'ont été adressées par les bateliers, fréquentant la rivière et canal de Dendre, relativement à l'état actuel de cette navigation, depuis Maffle jusqu'à Termonde.

Ces observations ont principalement pour objet de solliciter le curement de la rivière et du canal, la restauration des écluses, et la diminution des droits de passage.

Vous voudrez bien examiner, sans délai, l'importance de cette pétition, afin d'y avoir tel égard que vous jugerez convenable dans le projet d'état de recette et de dépense des fonds accordés pour les travaux de la navigation pendant l'an 5.

A l'égard de la diminution des droits, c'est au ministre des finances que les pétitionnaires doivent s'adresser par l'intervention des autorités constituées, si elles croient devoir appuyer leurs demandes sur des motifs d'intérêt public.

Salut et fraternité,
Signé Benezech.
Le chef de la division des travaux publics,
Signé Cadet-Chambine.
Pour copie conforme,
L'ingénieur en chef,
Signé Le Père.

PIÈCE N° 4.

PONTS ET CHAUSSÉES.

Direction
DE L'ESCAUT.

Département
De Jemmappes.

Navigation.

L'ingénieur ordinaire des Ponts et Chaussées du Département de Jemmappes, à la Municipalité d'Ath.

Citoyens,

Chargé par état et par des ordres particuliers de refondre tous les réglemens de la navigation de ce département en un seul, en l'adaptant à la forme du gouvernement établi, et principalement de faire coïncider les jours de départ des rames, avec le système décadaire, je m'adresse à vous pour obtenir quelques renseignemens qui me sont préalablement nécessaires : votre zèle et votre amour du bien public vous engageront sans doute à concourir avec moi de tout votre pouvoir à l'établissement d'une chose d'où dépend entièrement la prospérité du commerce de votre ville et la sûreté des propriétés qui avoisinent votre rivière. C'est dans cette persuasion que je vais vous faire quelques demandes qui s'y rapportent.

Existe-t-il des réglemens particuliers pour la rivière de Dendre, antérieurs ou postérieurs à celui du 5 juillet 1718 ?

Les besoins du commerce exigent-ils, la sûreté des propriétés, et l'affluence des eaux peuvent-elles permettre, que l'on porte à trois le nombre des rames qui devra partir chaque décade, ou bien devra-t-on le fixer à deux ?

Le nombre des bateaux qui composent chaque rame doit-il être fixé ?

La largeur et la hauteur des écluses, les heures pour les manœuvrer, la largeur de la rivière, tant pour la partie navigable, que pour celle qui ne l'est pas, la largeur des bateaux qui naviguent sur cette rivière, sont-elles fixées par quelque écrit ou par l'usage ?

Je vous prie de me répondre le plutôt possible sur ces différentes questions, et de me faire part de toutes les observations que vous croirez pouvoir m'éclairer dans ce travail.

Salut et fraternité.

Mons, le 24 frimaire an 6.

Était signé RICHER.

Pour copie conforme, *signé* BEAUVER, *président*, et TAINTENIER, *secrétaire-greffier*.

PIÈCE No 5.

EXTRAIT du Réglement sur la navigation de la rivière de Dendre, émané en 1718, par son altesse le duc d'Aremberg et d'Arschot, etc. etc., grand-bailli du pays et comté de Hainaut.

2° PREMIÈREMENT, que ladite rivière qui est navigable depuis Ath, jusqu'à devra être de la largeur convenable pour le passage des bateaux, et entretenue par-tout par les héritiers marchissans.

3° Tout héritier marchissant à ladite rivière, ou leurs fermiers pour eux, devront faire des romètes où besoin sera, selon que les lieux le requerront; et pour obvier aux affluences d'eau et préserver d'inondation les prairies voisines; lesquelles romètes devront être à quatre pieds près du bord de ladite rivière navigable, à peine de quatre livres d'amende, et d'être icelles romètes faites à leurs dépens; ce qui s'exécutera promptement et sommairement sur le fermier, lui entier en son recours vers son maître et propriétaire, s'il n'est pas tenu par son bail.

4° Lesdits héritiers ou fermiers marchissans, et autre à qui se peut toucher, seront tenus d'an en an, ou toutes les fois qu'il sera nécessaire, particulièrement du côté de Lessines et Papegnies, vers la St.-Jean-Baptiste, couper toutes *choques* à gros verpins, et toutes autres arbroyées, donnant empêchement au cours de ladite rivière, et les relever jusqu'au fond, s'il est nécessaire, pour le bien et entretenement des digues.

5° Lesdits héritiers ou fermiers ne pourront dorenavant planter ou faire planter aucun saule, peuplier ou autres arbres plus près du bord de ladite rivière navigable, que de dix pieds, et ceux y étant présentement plus proches, devront être abattus par iceux héritiers ou fermiers, en déans un mois, en suivant la publication de ces ordonnances, sur peine d'une amende de quatre livres.

6° Défendant aussi de faire aucun radeau, tranchée, ni autre ouverture aux digues et romètes de ladite rivière, pour faire couler l'eau ès prairies et pâtures, comment que ce soit, sur l'amende de huit livres tournois, pour la première fois, la seconde du double, à répartir comme les autres, et la troisième, de correction arbitraire.

8° Les communautés, héritiers, louagers, censiers et fermiers, ni autres, ne pourront faire aucun abreuvoir pour leurs bêtes en ladite rivière y aboutissant, sous peine de huit livres d'amende.

9° Que personne ne s'ingère ou advance de jetter aucuns décombres, fumiers, cendres, ramonures, cornes écrepinées de cuir, ni autres ordures quelconques, qui puissent faire remplissement ou empêchement à ladite rivière, en quel lieu que ce soit, sur l'amende de six livres tournois.

10° Ladite rivière devra être nettoyée, tant dans la ville d'Ath, que Lessinnes et autres endroits, de toutes immondices, décombres,

décombres, pierres, cailloux, et autres choses y étant tombées ou jettées, aux dépens desdites villes, ou ailleurs, aux frais des marchissans.

11° Nous ordonnons à tous marchands et bateliers, de faire partir tous leurs bateaux au même temps, le mardi et vendredi, et aux propriétaires et directeurs des écluses, de laisser passer et repasser lesdits bateaux, et de tenir leurs écluses ouvertes, aussi long-temps que lesdits bateaux pourront parvenir à l'écluse, auquel effet, ils devront tenir de l'eau suffisante lesdits jours de passage, le tout sous cinquante livres d'amende.

12° Et comme les écluses de Bilhaye, Tenre et Izière sont fort voisines l'une de l'autre, les meuniers ne pourront fermer leurs écluses, qu'après que les bateaux seront parvenus à l'écluse suivante.

13° Les bateaux ne pourront naviguer que sur cinq pieds de profondeur, depuis le mois d'avril jusqu'au mois d'octobre, et de cinq pieds et demi le reste de l'année, auquel effet les bateaux seront marqués.

14° Toutes et quantes fois que les bateaux auront nécessité d'eau pour entrer et sortir, les directeurs des écluses seront tenus de leur en bâiller par compétence sans différer, les mardis et vendredis.

15° Et comme il manque quelquefois de l'eau pendant l'été, nous ordonnons aux meuniers d'Arbre et Maffle, Irchomvelz, Villers-Notre-Dame, et aux meuniers et éclusiers de la ville d'Ath, d'ouvrir leurs écluses la veille de la navigation lorsqu'il sera nécessaire, et qu'ils en seront requis par les marchands bateliers, et en cas que pendant les sécheresses de l'été, il manque de l'eau en-dessus ou en-dessous de Ninove, tant pour ceux qui doivent monter que pour ceux qui doivent descendre, les meuniers et éclusiers devront donner de l'eau les jours de la navigation.

16° Les compagnons navigateurs menant les bateaux et repassant aux tenures d'Acren, devront assister les commis et gardes des clefs, si par eux ils en sont requis, à clore et ouvrir lesdites tenures, et les remettre, sans aucun refus ou délai, en état, sous peine de six livres d'amende.

17° Les compagnons bateliers menant et conduisant leurs bateaux sur ladite rivière, ne pourront donner empêchement à aucun autre descendant, sous peine de six livres d'amende.

PIÈCE N° 6.

RÉGLEMENT de sa majesté, touchant le droit de passage des écluses, sur la rivière la Dendre, entre Ath et Termonde, et l'ouverture d'icelles.

Du 12 février 1701.

PAR LE ROY.

COMME nous sommes informez que les propriétaires - fermiers ou directeurs des écluses, sur la riviere la Dendre entre Ath et Termonde, exigent des droits qui ne leur competent pas, à charge des batteliers qui y passent avecq leurs bateaux, nous pour y remedier, avons à la délibération de notre très-cher et très-amé bon frère cousin et neveu, Maximilien Emanuel, par la grace de Dieu duc de la haute et basse Baviere, et du haut Palatinat, comte palatin du Rhyn, grand eschançon du St. Empire, et électeur landtgrave de Lichtenberg, gouverneur des Pays-Bas, etc. ordonné et statué, comme nous ordonnons et statuons par cette, que les batteaux chargez passants par lesdits écluses payeront douze sols à chaque écluse.

Les batteaux non chargez montans et descendans la dite riviere, à chaque écluse, six sols.

Nous interdisons auxdits propriétaires meusniers et tous autres d'exiger d'avantage à peine de fourfaire l'amende de six cens florins pour chaque contravention, le tiers à nostre proffit, autre tiers au proffit du dénonciateur, et le tiers restant, pour l'exploicteur.

Nous ordonnons auxdits propriétaires meuniers et autres ayans la direction desdits écluses, de laisser passer deux fois par semaine, sçavoir le mardy, et le vendredi les batteaux par lesdit écluses, à quelle fin les mesmes batteaux s'assembleront et joindront pour tant moins incommoder les moulins; les meusniers ou maistres des écluses devront tenir de l'eau suffisante pour les jours de l'ouverture des écluses, afin que les bateaux puissent monter et descendre, à peine comme dessus;

Nous ordonnons que ce réglement soit envoyé tant aux conseillers fiscaux de Flandres, qu'au fiscal d'Haynau, afin que chacun dans son ressort le fasse afficher aux lieux desdits écluses et moulins, et le fassent observer ponctuellement. Fait à Bruxelles le 12 février 1701. Paraphé, *Cox*, signé *F. F. Le Roy*, et étoit cachetté du cachet secrét de sa majesté *F. F. Le Roy*.

PIÈCE N° 7.

Les soussignés, bateliers naviguant sur la rivière de Dendre, déclarent par ces présentes constituer pour leur mandataire spécial, Charles Jaubert, défenseur officieux, domicilié à Ath, auquel ils donnent pouvoir pour eux et en leurs noms, de se pourvoir par-devant telles autorités à qui il peut appartenir, solliciter près d'elles, présenter des mémoires, etc. etc., à l'effet d'obtenir le curement de la rivière de Dendre, les réparations nécessaires à faire aux différentes écluses et sas, et la formation des réglemens indispensables, tendans à favoriser la navigation et le commerce; approuvant, ratifiant, tout ce qu'il signera de relatif à ces demandes, y obligeant leurs biens présens et futurs.

Fait à Ath, département de Jemmappes, le dix-neuf nivôse, an huit de la république.

Suivent les signatures.

32

www.ingramcontent.com/pod-product-compliance
Ingram Content Group UK Ltd.
Pitfield, Milton Keynes, MK11 3LW, UK
UKHW021022200726
13857UKWH00004B/1534